新时代科技特派员赋能乡村振兴答疑系列

XINSHIDAI KEJI TEPAIYUAN FUNENG XIANGCUN ZHENXING DAYI XILIE

食品安全与人类生活知识有问必答

SHIPIN ANQUAN YU RENLEI SHENGHUO ZHISHI YOUWEN BIDA

山东省科学技术厅
山东省农业科学院　组编
山东农学会

徐文红　丁兆军　主编

中国农业出版社
农村读物出版社
北京

组编单位

山东省科学技术厅
山东省农业科学院
山东农学会

编审委员会

主　　任：唐　波　李长胜　万书波
副 主 任：于书良　张立明　刘兆辉　王守宝
委　　员（以姓氏笔画为序）：
丁兆军　王　慧　王　磊　王淑芬　刘　霞
孙立照　李　勇　李百东　李林光　杨英阁
杨赵河　宋玉丽　张　正　张　伟　张希军
张晓冬　陈业兵　陈英凯　赵海军　宫志远
程　冰　穆春华

组织策划

张　正　宋玉丽　刘　霞　杨英阁

本书编委会

主　编：徐文红　丁兆军
副主编：田会玉　宋晓庆　马铁民
参　编（以姓氏笔画为序）：
吕家发　孙　敏　张蒙悦　陶文青

序 PREFACE

农业是国民经济的基础，没有农村的稳定就没有全国的稳定，没有农民的小康就没有全国人民的小康，没有农业的现代化就没有整个国民经济的现代化。科学技术是第一生产力。习近平总书记2013年视察山东时首次作出“给农业插上科技的翅膀”的重要指示；2018年6月，总书记视察山东时要求山东省“要充分发挥农业大省优势，打造乡村振兴的齐鲁样板，要加快农业科技创新和推广，让农业借助科技的翅膀腾飞起来”。习近平总书记在山东提出系列关于“三农”的重要指示精神，深刻体现了总书记的“三农”情怀和对山东加快引领全国农业现代化发展再创佳绩的殷切厚望。

发端于福建南平的科技特派员制度，是由习近平总书记亲自总结提升的农村工作重大机制创新，是市场经济条件下的一项新的制度探索，是新时代深入推进科技特派员制度的根本遵循和行动指南，是创新驱动发展战略和乡村振兴战略的结合点，是改革科技体制、调动广大科技人员创新活力的重要举措，是推动科技工作和科技人员面向经济发展主战场的务实方法。多年来，这项制度始终遵循市场经济规律，强调双向选择，构建利益共同体，引导广大科技人员把论文写在大地上，把科研创新转化为实践成果。2019年10月，习近平总书记对科技特派员制度推行20周年专门作出重要批示，指出“创新是乡村全面振兴的重要支撑，要坚持把科技特派员制度作为科技创新人才服务乡村振兴的重要工作进一步抓实抓好。广大科技特派员要秉持初心，在科技助力脱贫攻坚和乡村振兴中不断作出新的更大的贡献”。

山东是一个农业大省，“三农”工作始终处于重要位置。一直以来，山东省把推行科技特派员制度作为助力脱贫攻坚和乡村振兴的重要抓手，坚持以服务“三农”为出发点和落脚点、以科技人才为主体、以科技成果为纽带，点亮农村发展的科技之光，架通农民增收致富的桥梁，延长农业产业链条，努力为农业插上科技的翅膀，取得了比较明显的成效。加快先进技术成果转化应用，为农村产业发展增添新“动力”。各级各部门积极搭建科技服务载体，通过政府选派、双向选择等方式，强化高等院校、科研院所和各类科技服务机构与农业农村的连接，实现了技术咨询即时化、技术指导专业化、服务基层常态化。自科技特派员制度推行以来，山东省累计选派科技特派员2万余名，培训农民968.2万人，累计引进推广新技术2 872项、新品种2 583个，推送各类技术信息23万多条，惠及农民3亿多人次。广大科技特派员通过技术指导、科技培训、协办企业、建设基地等有效形式，把新技术、新品种、新模式等创新要素输送到农村基层，有效解决了农业科技“最后一公里”问题，推动了农民增收、农业增效和科技扶贫。

为进一步提升农业生产一线人员专业理论素养和生产实用技术水平，山东省科学技术厅、山东省农业科学院和山东农学会联合，组织长期活跃在农业生产一线的相关高层次专家编写了“新时代科技特派员赋能乡村振兴答疑系列”丛书。该丛书涵盖粮油作物、菌菜、林果、养殖、食品安全、农村环境、农业物联网等领域，内容全部来自科技特派员服务农业生产实践一线，集理论性和实用性为一体，对基层农业生产具有较强的指导性，是生产实际和科学理论结合比较紧密的实用性很强的致富手册，是培训农业生产一线技术人员和职业农民理想的技术教材。希望广大科技特派员再接再厉，继续发挥农业生产一线科技主力军的作用，为打造乡村振兴齐鲁样板提供“才智”支撑。

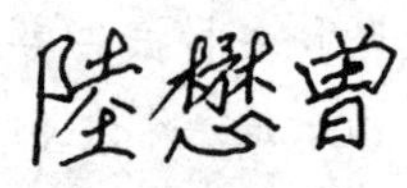

2020年3月

前言 FOREWORD

党的十九大报告指出，农业农村农民问题是关系国计民生的根本性问题，必须始终把解决好“三农”问题作为全党工作的重中之重，实施乡村振兴战略。2019年10月，习近平总书记对科技特派员制度推行20周年作出重要指示指出，创新是乡村全面振兴的重要支撑，要坚持把科技特派员制度作为科技创新人才服务乡村振兴的重要工作进一步抓实抓好。广大科技特派员要秉持初心，在科技助力脱贫攻坚和乡村振兴中不断作出新的更大的贡献。

为了落实党中央、国务院关于实施乡村振兴战略的决策部署，深入学习贯彻习近平总书记关于科技特派员工作的重要指示精神，促进科技特派员为推动乡村振兴发展、助力打赢脱贫攻坚战和新时代下农业高质量发展提供强有力支撑，山东省科学技术厅联合山东省农业科学院和山东农学会，组织相关力量编写了《食品安全与人类生活知识有问必答》。本书共分三章，内容涵盖食品安全的含义和标准、微生物污染对食品安全的危害、食源性寄生虫对食品安全的危害、动植物性因素对食品安全的危害、重金属污染对食品安全的危害、农药及兽药残留对食品安全的危害、违规添加食品添加剂对食品安全的危害、食品安全与健康饮食等内容。

本书的编写本着强烈的敬业心和责任感，广泛查阅、分析、整理了相关文献资料。在本书编写过程中，得到了有关领导和兄弟单位的大力支持，许多科研人员提供了丰富的研究资料和宝贵建议，还做了大量辅助性工作。在此，谨向他们表示衷心的感谢！

由于时间仓促、精力有限，特别是学识和编写水平有限，书中疏漏之处在所难免，恳请读者批评指正。

编　者

2020年3月

目录 CONTENTS

第三章 食品安全与健康饮食

第一章 食品安全概念

1. 食品安全的含义是什么?

广义上食品安全包括3个层次，即食品数量安全、食品质量安全和食品可持续安全。

生活中提到最多的食品安全，主要指食品质量安全，其可以简单概括为无毒、无害、有营养。《中华人民共和国食品安全法》将食品（质量）安全解释为：无毒、无害，符合应当有的营养要求，对人体健康不造成任何急性、亚急性或者慢性危害。食品在种植、养殖、加工、制作、运输、储藏和销售等各阶段都应符合国家强制安全卫生标准，以防止有毒有害物质对人体健康和自然环境造成危害。目前，食品质量安全问题中最为突出的是由食品微生物引起的食物中毒、食品环境污染、天然有毒物质及食品添加剂超标等。

食品数量安全，是指一个国家或地区能够生产民众基本生存所需的膳食数量，即要求人们既买得到又买得起生存生活所需要的基本食品。食品数量安全主要指粮食安全，确保生产足够数量的粮食，最大限度地稳定粮食供应，确保所有需要粮食的人都能获得粮食。粮食既是关系国计民生和国家经济安全的重要战略物资，也是人民群众最基本的生活资料。粮食安全事关社会的和谐、政治的稳定、经济的持续发展。

食品可持续安全，要求食品的获取过程中要注重生态环境的保护和资源的可持续利用，实现可持续发展。在食品的投入、生产、供应、获取和利用的各个环节应当与生态环境相协调，不以破坏生态环境为代价。在投入环节，保护耕地资源和水资源；在生产环节，减少生产污染和能源消耗；在供应环节，要供需相对均衡，国外粮食依赖可控；在获取环节，应提高食品的空间调度能力、相对购买能力和经济获利能力；在利用环节，注重粮食加工利用环节的生态可持续发展，避免污染和浪费。

2. 食品安全标准包括什么?

食品安全标准包括食品安全国家标准和食品安全地方标准两大类。

食品安全国家标准包括通用标准、产品标准、生产经营规范和检验方法与规程4种。涵盖食品添加剂；食品相关产品中的致病性微生物、农药残留、生物毒素、重金属等污染物质以及其他危害人体健康物质的限量规定；食品添加剂种类、使用范围和用量规定；专供婴幼儿和其他特定人群的主辅食品的营养成分要求；与卫生营养等与食品安全有关的标签、标志和说明书要求；食品生产经营过程的卫生要求；与食品安全有关的质量要求；与食品安全有关的食品检疫方法与规程，以及其他需要制定为食品安全标准的内容。

食品安全标准是强制执行的标准。《中华人民共和国食品安全法实施条例》规定，食品生产经营者应当依照法律法规和食品安全标准从事生产经营活动，建立健全食品安全管理制度，采取有效管理措施，保证食品安全。食品生产经营者对其生产经营的食品安全负责，对社会和公众负责，须承担社会责任。

3. 食品安全标识有哪些?

（1）工业产品生产许可证标志　由“质量安全”英文（quality safety）首字母QS和“质量安全”中文字样组成。QS是食品质量安全市场准入证的简称，国家从源头加强食品质量安全的监督管理，提高食品生产加工企业的质量管理和产品质量安全水平，符合条件规定的生产者才允许进行生产经营活动，具备规定条件的食品才允许生产销售。QS标识从2010年6月1日起已陆续换成新样式，QS下方须标注“生产许可”。

对具备保证食品质量安全必备的生产条件且能够保证食品质量安全的企业，发放食品生产许可证，准予其生产获证范围内的产品；未取得食品生产许可证的企业不准生产相关食品。从生产条件

旧版样式

新版样式

质量安全标志和生产许可标志

上保证企业生产出符合质量安全要求的产品。对企业生产的食品实施强制检验制度。要求企业必须履行法律义务，未经检验或经检验不合格的食品不准出厂销售。对于不具备自检条件的生产企业必须实施委托检验。

（2）无公害农产品标志　由麦穗、对勾和无公害农产品字样组成。麦穗代表农产品，对勾表示合格，金色寓意成熟和丰收，绿色象征环保和安全。

无公害农产品标志

无公害农产品标志是在获得农业农村部无公害农产品认证的产品或产品包装上的证明性标识。无公害农产品标志使用是政府对无公害农产品质量的保证和对生产者、经营者及消费者合法权益的维护，是县级以上农业部门对无公害农产品进行有效监督和管理的重要手段。

（3）绿色食品标志　为绿色正圆形图案，意为保护、安全。上方为太阳，下方为叶片与蓓蕾，整个图案描绘了一幅阳光照耀下和谐生机的画面，告诉人们绿色食品是出自纯净、良好生态环境的安全、无污染食品，能给人们带来蓬勃的生命力。绿色食品标志还提醒人们要保护环境和防止污染，通过改善人与环境的关系，创造自然界新的和谐。

绿色食品标志

绿色食品不仅产自优良生态环境，而且是按照绿色食品标准生产的、实行全程质量控制并获得绿色食品标志使用权的安全、优质食用农产品及相关产品。绿色食品由中国绿色食品发展中心认证。绿色食品标志商标专用权受《中华人民共和国商标法》保护，有利于约束和规范企业的经济行为，并保护广大消费者的利益。

绿色食品使用有效期为 3 年。在有效使用期内，绿色食品管理机构每年对用标企业实施年检，对产品质量进行抽检，并进行综合考核评定，合格者可继续使用绿色食品标志，不合格者限期整改或取消绿色食品标志使用权。

我国将绿色食品定为 A 级和 AA 级两个标准。A 级（绿底白标）允许限量使用限定的化学合成物质，而 AA 级（白底绿标）则禁止使用限定的化学合成物质。

（4）有机食品标志　有机食品标志有两种寓意，其一是一只手向上持着一片绿叶，寓意人类对自然和生命的渴望；其二是两只手一上一下握在一起，将绿叶拟人化为自然的手，寓意人类的生存离不开大自然的呵护，人与自然需要和谐美好的生存关系。该标志是经农业农村部所属中绿华夏有机食品认证中心认证的产品及其包装上的证明性标识。

有机食品标志

有机食品在生产和加工过程中必须严格遵循有机食品生产、采集、加工、包装、储藏和运输标准，禁止使用化学合成的农药、化肥、激素、抗生素和食品添加剂等，禁止使用基因工程技术及该技术的产物及其衍生物。有机食品的原料必须来自已建立的有机农业生产体系，或采用有机方式采集的野生天然产品；产品在整个生产过程中严格遵循有机食品的加工、包装、储藏和运输标准；生产者在有机食品生产和流通过程中，有完善的质量控制和跟踪审查体系，有完整的生产和销售记录档案；必须通过独立的有机食品认证机构认证。因此，有机食品是一类真正源于自然、富营养、高品质的环保型安全食品。

（5）保健食品标志 为天蓝色，呈帽形，俗称“蓝帽子”。保健食品是食品的一个种类，虽具有一般食品的共性，本质仍是食品，能调节人体的机能，适于特定人群食用，但不以治疗疾病为目的。

保健食品标志

国家批准的保健食品功能分别是：增强免疫力、辅助降血脂、辅助降血糖、抗氧化、辅助改善记忆、缓解视疲劳、促进排铅、清咽、辅助降血压、改善睡眠、促进泌乳、缓解体力疲劳、提高缺氧耐受力、对辐射危害有辅助保护、减肥、改善生长发育、增加骨密度、改善营养性贫血、对化学性肝损伤有辅助保护、祛痤疮、祛黄褐斑、改善皮肤水分、改善皮肤油分、调节肠道菌群、促进消化、通便、对胃黏膜损伤有辅助保护。除了以上 27 种，企业所宣称的其他任何功能都是违法的，且每种产品最多只能有 2 种保健功能，其标识的保健功能必须与批准的保健功能一致。保健食品应有与功能作用相对应的功效成分及其最低含量。功效成分是指能通过激活酶的活性或其他途径，调节人体机能的物质。

4. 无公害食品、绿色食品和有机食品有哪些区别?

无公害食品来源于清洁的生产环境，其有害物质控制在规定的范围内，符合我国通用卫生标准。无公害食品认证能规范农业生产，保障基本食品安全，满足大众的消费需求。

绿色食品需经农业农村部认证，要求产自生态环境符合标准的产地，限量使用或不使用化学合成的肥料、农药、激素和食品添加剂等。绿色食品的特征是无污染、安全、优质、营养。绿色食品的认证标准介于无公害食品和有机食品。

有机食品绝对禁止使用农药、化肥、激素等人工合成物质，并且不允许使用基因工程技术。土地从生产其他食品到生产有机食品需要 2～3 年的转换期。有机食品在生产和加工过程中必须严格遵循有机食品生产、采集、加工、包装、储藏、运输的标准。

第二章 食品安全中的常见危害

一、生物危害

（一）食品微生物污染危害

5. 食品微生物污染有哪些？

食品微生物污染主要有细菌污染、真菌污染和病毒污染三大类。

（1）细菌污染　细菌是一类有细胞壁的单细胞生物，在生活中几乎无处不在。细菌污染食品后，在适宜的条件下，可以存活并不断繁殖。细菌分为致病细菌、条件致病细菌和非致病细菌。生活中多数食物中毒都是由致病细菌导致的。据统计，全世界由致病细菌导致的食源性疾病占总暴发案例的60%以上。食品中常见的致病细菌有沙门氏菌、炭疽杆菌、痢疾杆菌和肉毒梭菌等。常见条件致病菌有葡萄球菌和链球菌。细菌还会加快食物变质腐败。

（2）真菌污染　一些真菌在次级代谢过程中会产生真菌毒素。真菌毒素不是蛋白大分子，而是小分子有机物，因此，不能刺激机体产生相应抗体。产毒真菌主要在谷物和发酵食品上生长繁殖并产生毒素，被人食用后导致中毒。另外，用被真菌或真菌毒素污染的饲料喂养畜禽，可导致动物性食品带毒，被人食入后会造成中毒。真菌及真菌毒素污染食品不仅会造成巨大的经济损失，而且严重危害人类生命健康。

（3）病毒污染　病毒的繁殖离不开宿主细胞，必须依赖活细胞为其提供营养物质、能量和酶。病毒污染一般存在于动物性食品中。通过食物传播的病毒有急性胃肠炎病毒、肝炎病毒和禽流感病毒等。

6. 食品微生物污染有哪些危害?

(1) 导致食品腐败变质　食品腐败变质是指食品的颜色和味道等发生变化，食品的营养价值显著降低甚至丧失。动植物细胞内本身具有分解各种有机物的酶，在未被污染的条件下储存足够长的时间，它们也会因为呼吸作用或自溶而变质。细菌和真菌污染大大加快了食品腐败变质的过程。细菌和真菌将各种水解酶分泌到细胞外，分解食物中的有机大分子，满足自己生长繁殖所需，同时，分泌一些有特殊气味的物质，造成食物腐败变质。

(2) 诱发食物中毒　人如果食用被致病菌及毒素污染的食物，会引起食物中毒。一些引起食物中毒的细菌不会导致明显的食物腐败变质，不容易被人察觉，造成误食。常见的能诱发食物中毒的细菌有沙门氏菌、副溶血弧菌和变形杆菌等。

(3) 引起食源性传染病　若食用前未采取杀菌措施，则可因食入活体致病菌而引起消化道传染病或人畜共患病。常见的通过食品传播的细菌性传染病有痢疾、伤寒和霍乱等。

7. 食品微生物污染有哪些途径?

(1) 原料获得过程　自然界中微生物几乎无处不在，在农作物和家畜家禽的生长过程中，本身可能带有病原菌，在食物原料获得时未彻底去除。

(2) 加工、运输、储存及销售等过程　各种工具、容器及包装材料等不符合卫生要求，带有各种微生物，从而造成食品污染。从业人员卫生习惯差，接触食品时不注意操作卫生，也会使食品受到污染。如果从业人员本身是病原携带者，则危害性更大，随时都有可能污染食品，引起消费者食物中毒或传染病的传播、流行。食品生产及储存环境不卫生，使食品容易受苍蝇、老鼠、蟑螂等污染或空气尘埃污染。

食品水分含量高，则特别容易滋生微生物。水分是微生物生长繁殖的必要条件。食物存放温度高、存放时间长，更为微生物大量繁殖及产生毒素创造了充足的条件。活的动植物本身对各种病原微生物均有一定抵抗力，而畜禽被屠宰或者果蔬被采摘以后，生物体的防御系统被破坏，更容易被周围环境中的微生物所污染。

（3）烹调食用过程 加工食品用的刀案、容器等生熟不分会造成生熟食品交叉感染，如将加工或盛放生食品后未彻底清洗消毒的器具立即用于加工或盛放直接入口的熟食品，会致使器具上的微生物直接入口，可能引起中毒。

食品在食用前未被彻底加热，如未经加热、加热时间短或加热温度不够，则不能将食品中的微生物全部杀灭及将毒素破坏，导致食物中毒。剩饭剩菜没有低温储存，没有重新加热灭菌，都会导致大量微生物存在。

8. 细菌生长繁殖需要哪些条件?

（1）细菌的生长需要充足的营养物质 细菌容易在蛋白质或糖类含量高的食物中大量繁殖，如肉、蛋、水产品、乳制品、米饭、豆类等。

（2）细菌的生长需要适宜的温度 大多数细菌可在5～60℃的条件下生长繁殖。某些致病菌在低于5℃的条件下也能缓慢生长（如李斯特菌）。

（3）细菌的生长需要水 在潮湿的地方细菌容易存活和繁殖。水分含量大的食物容易滋生细菌。

（4）细菌的生长需要适宜的pH 细菌在pH4.6～7.0的弱酸

性或中性食品中容易生长繁殖，而在 pH≤4.6（如柠檬、醋）或 pH≥9.0（如苏打饼干）的食品中较难繁殖。

(5) 细菌按照生长繁殖是否需要氧气可分为需氧菌、厌氧菌和兼性厌氧菌　大部分食物中致病菌属兼性厌氧菌。真空包装食品、大块食品（如大块烤肉、烤土豆）及一些发酵酱类的中间部分也存在缺氧条件，适合厌氧菌生长繁殖。

9. 食品微生物污染如何避免？

(1) 学习防疫知识，增强辨别能力，了解病死畜禽无害化处理的重要性和食用病死畜禽的危险性，勇于举报随意抛弃、收购、加工和售卖病死畜禽等违法行为。选购检验检疫合格的产品，注意产品包装的完好性。

(2) 食品加工、储存和销售过程严格遵守卫生制度，做好食具、容器和工具的消毒，避免生熟交叉污染。食品应在低温或通风阴凉处存放。根据果、蔬、肉、蛋、粮的不同特点，合理购买，科学存放，不过度囤积，经常检查，防止腐坏。

(3) 不食用变质腐败的食物。烹调过程中，煮熟煮透，生熟分开。少吃剩菜，食用剩菜的时候需要重新加热灭菌。对烹调器具经常消毒灭菌，保持厨房干净整洁。烹调人员注意个人卫生。大多数毒素在通常的烹饪温度条件下即被分解，但有些毒素（如金黄色葡萄球菌产生的肠毒素）具有耐热性，一般的烹饪方法不能将其破坏。

（二）食源性寄生虫危害

10. 常见食源性寄生虫有哪些？

（1）囊尾蚴 虫体呈半透明乳白色，形状为（6～10）毫米×5毫米的椭圆形。囊尾蚴是猪有钩绦虫或牛无钩绦虫的幼虫。囊尾蚴主要寄生在猪的骨骼肌、心肌和大脑，在肠液及胆汁的刺激下，其头节从包囊中伸出，以带钩吸盘吸附在人的肠壁上，从中吸取营养并发育为成虫（绦虫），使人患绦虫病。在人体内寄生的绦虫可生存多年。除了猪以外，犬、猫、人也可作为中间寄主。如果虫卵进入人体，由于人胃肠逆蠕动，也可能会使小肠中寄生的绦虫孕卵节片逆行入胃，经消化道进入其他各组织系统，在横纹肌中发育成囊尾蚴，使人患病。牛无钩绦虫感染过程与猪有钩绦虫相似，但中间宿主只有牛，且囊尾蚴只寄生在横纹肌中。人患绦虫病时出现食欲减退、体重减轻、慢性消化不良、腹痛、腹泻、贫血和消瘦等症状。猪有钩绦虫病对肠黏膜损伤较重，如果虫体穿破肠壁会引发腹膜炎。囊尾蚴侵害皮肤，在皮下产生囊尾蚴结节；侵入肌肉导致肌肉酸痛、僵硬；侵入眼睛破坏视力，甚至导致失明；侵入人脑导致人精神错乱、幻听、幻视、语言障碍、头痛、呕吐、抽搐、瘫痪，甚至突然死亡等。

（2）旋毛虫 人和几乎所有哺乳动物均会感染，患旋毛虫病。旋毛虫为线虫，肉眼不易看到，雌雄异体。成虫寄生在寄主的小肠内，长1～4毫米，幼虫寄生在寄主的横纹肌内，卷曲呈螺旋形，外面有一层呈柠檬状的包囊，包囊大小为（0.25～0.66）毫米×（0.21～0.42）毫米。旋毛虫幼虫进入人体后，突破包囊进入十二指肠及空肠，迅速生长发育为成虫，雌雄虫在此交配繁殖，每条雌虫可产1 500条以上幼虫。幼虫穿过肠壁，随血液循环到达寄主全身横纹肌内，生长发育到一定阶段卷曲呈螺旋形，周围逐渐形成包囊。在肌肉中，幼虫可以存活很长时间，有的会死亡并钙化。人感染后出现高热、无力、关节痛、腹痛、腹泻、面部和眼睑水肿，甚至头昏眼花、局部麻痹等症状。

（3）弓形虫 弓形虫是一种原虫，可寄生于人及多种动物体中，猫为终宿主，人、猪和其他动物（啮齿动物及家畜等）为中间寄主。弓形虫存在有性繁殖和无性繁殖 2 个阶段，不同发育阶段，其形态不同。滋养体不是主要传染源，因为其对温度比较敏感。包囊可以抵抗低温，冰冻状态下仍可存活 35 天，在寄主体内可长期生存，在猪、犬体内可生存 7～10 个月。病畜的肉、乳、泪、唾液和尿液中均含有虫体，可造成食品污染。感染者表现出发热、不适、夜间出汗、肌肉疼痛、咽部疼痛和皮疹等症状，部分病人出现淋巴结肿大、心肌炎、肝炎、关节炎、肾炎和脑病。

（4）并殖吸虫（肺吸虫） 我国常见卫氏并殖吸虫和斯氏狸殖吸虫。终宿主是人及多种肉食类哺乳动物，第一中间宿主是川卷螺，第二中间宿主是淡水蟹和蝲蛄。并殖吸虫的虫卵随患者、病畜、病兽的痰液或粪便排出，入水后孵化出毛蚴。毛蚴在水中侵入淡水螺体内，发育成尾蚴逸出，尾蚴在水中侵入淡水蟹或蝲蛄体内，形成囊蚴。人生吃含活囊蚴的淡水蟹或蝲蛄而感染。并殖吸虫寄生在肺部，其幼虫或成虫在人体组织与器官内移行和寄居会造成机械性损伤，其代谢物等会引起人免疫反应。并殖吸虫病的潜伏期为 3～6 个月，成虫在人体内可存活 5～6 年。患者出现咳嗽、咳痰、腹痛、腹泻、恶心呕吐等症状。严重者损伤神经系统，成虫侵入大脑时，出现瘫痪、麻木、失语、头痛、呕吐和视力减退等症状；成虫侵入脊髓时导致下肢感觉减退、瘫痪、腰痛和坐骨神经痛等。卫氏并殖吸虫病多在下腹部至大腿之间的皮下深部肌肉内有皮下结节，外面不易看到，但能用手摸到。

11. 食源性寄生虫如何预防？

（1）将染病畜禽捕杀并作无害化处理，避免人误食病肉，严禁用屠宰下脚料和泔水饲喂动物，防止寄生虫在动物之间传播。

（2）严格贯彻执行肉品检验规程，严防漏检肉品进入市场。

（3）定期检查畜牧业和肉类食品加工企业及从业人员的从业资格证，监督粪便无害化处理工作和灭鼠工作。

（4）及时发现并有效治疗患者，防止患者的痰液和粪便污染水源。

（5）饲养鲶鱼和家鸭吞食淡水螺和蝲蛄，以切断并殖吸虫的传播途径。不吃生的或半熟的溪蟹、淡水螺和蝲蛄；不喝生溪水，不食生蛋、生乳、生肉或半生不熟的肉；及时清洗切肉的刀具、案板、抹布等；生熟食品用具严格分开，防止发生交叉污染。

（6）加强人类粪便的处理和厕所管理，杜绝家畜吞食人粪便中可能存在的寄生虫及虫卵。

（三）动植物性危害

12. 动植物性食物中天然毒素有哪些?

（1）苷类 氰苷结构中含有氰基，水解后产生氢氰酸，危害人体健康。氰苷在植物中分布广泛，它能麻痹咳嗽中枢，有镇咳作用，但过量摄入可引起中毒。氰苷所形成的氢氰酸被人体吸收后，随血液循环进入组织细胞，与线粒体中细胞色素氧化酶的铁离子结合，导致细胞的呼吸链中断，造成组织缺氧，体内的二氧化碳和乳酸量增高，机体陷入内窒息状态。在以木薯为主食的一些非洲和南美地区，存在慢性氰化物中毒引起的疾病。皂苷是类固醇或三萜系化合物低聚配糖体的总称。由于其水溶液摇晃时能像肥皂一样产生大量泡沫，所以称皂苷。皂苷对黏膜，尤其对鼻黏膜的刺激性较大，大量摄入可引起食物中毒。含有皂苷的植物有豆科、蔷薇科、葫芦科和苋科等，动物有海参和海星等。

（2）生物碱 生物碱是一类有吡啶、吲哚、嘌呤等含氮杂环的有机化合物，主要以有机酸盐的形式存在于植物中，少数存在于动物中，其部分性质与碱相似，能与酸反应生成盐。已发现的生物碱有 2 000 种以上，分布于 100 多个科的植物中。不同生物碱生理作用差异很大，引起的中毒症状各不相同。有毒生物碱主要有烟碱、茄碱和颠茄碱等。

(3) 酚类及其衍生物　主要包括简单酚类、黄酮、异黄酮、香豆素和鞣酸等多种类型化合物，是植物中最常见的成分。

(4) 有毒蛋白和有毒肽　植物中的胰蛋白抑制剂、红细胞凝集素、蓖麻毒素等均属有毒蛋白，动物中鲇、鳇等鱼类的卵中含有的鱼卵毒素也属于有毒蛋白。此外，毒蘑菇中的毒伞菌、白毒伞菌等含有毒肽和毒伞肽。

(5) 酶类　某些植物中含有通过分解维生素等人体必需成分释放出有毒化合物的酶类。如蕨类中的硫胺素酶可破坏动植物体内的硫胺素，引起人的硫胺素缺乏症；豆类中的脂肪氧化酶可氧化降解豆类中的亚油酸、亚麻酸，产生众多的降解产物。现已鉴定出近百种氧化产物，其中许多成分可能与大豆的腥味有关，不仅产生了有害物质，且降低了大豆的营养价值。

(6) 非蛋白类神经毒素　这类毒素主要指河豚毒素、肉毒鱼毒素、螺类毒素和海兔毒素等，多数分布于河豚、蛤类、螺类和海兔等水生动物中。它们本身没有毒，却因直接摄取了海洋浮游生物中的有毒藻类（如甲藻、蓝藻等），或通过食物链间接摄取，并将毒素积累和浓缩于体内。

(7) 植物中的其他有毒物质　硝酸盐主要存在于叶菜类蔬菜中，蔬菜尤其叶菜类的蔬菜能主动从土壤中富集硝酸盐，其硝酸盐的含量高于粮谷类。人体摄入的硝酸盐中80%以上来自蔬菜，蔬菜中的硝酸盐在一定条件下可还原成亚硝酸盐，当其蓄积到较高浓度时，食用后就能引起中毒。草酸在人体内可与钙结合形成不溶性的草酸钙，不溶性的草酸钙可在不同的组织中沉积，尤其是肾脏。常见的含草酸多的植物主要有菠菜等。

(8) 动物中的其他有毒物质　畜禽体内的腺体、脏器和分泌物，如摄食过量或误食，可干扰人体正常代谢，引起食物中毒。如果人误食家畜肾上腺、甲状腺，会因其分泌的高浓度激素而干扰人自身正常的激素分泌，引起中毒。甲状腺激素非常稳定，在600℃以上的高温下才被破坏，一般烹调方法难以去毒。屠宰家畜时一定将肾上腺和甲状腺除净，不得与“碎肉”混在一起出售，以防误食。在狗、羊、鲨鱼等动物肝脏中含有大量的维生素 A，若大量食用则会因维生素 A 食用过多而发生急性中毒。此外，肝脏是动物最大的解毒器官，动物体内各种毒素大都经过肝脏处理、转化、排泄或结合，因此，肝脏中可能含有许多毒素、最好不要食用。

13. 革除滥食野生动物的陋习的原因有哪些?

（1）传染人畜共患病 1940—2004 年，人类新出现的 300 多种传染病当中，人畜共患病的比例为 60.3%，其中 71.8%来自野生动物。蝙蝠是目前已知的多种病毒的天然宿主，病毒学家已经在其体内检测到 137 种病毒，其中有 61 种是人畜共患病毒。当然不止蝙蝠，穿山甲等餐桌上的常客体内也携带多种病毒。

（2）危害生态环境 人类滥捕滥杀滥食野生动物，导致许多物种数量锐减，濒临灭绝，破坏了生物多样性。生态系统是一个整体，牵一发而动全身，野生动物灭绝也会影响人类的生存环境和生产生活。

（3）无神奇药效 平时我们食用的各类农作物和家禽家畜是人类驯化培育了千百年得来的，营养更丰富，口感更鲜美。野生动物不仅味道奇怪、难以下咽，而且也没有传说中的神奇药效。很多人食用野生动物仅仅是为了猎奇和炫耀。

14. 法律禁止食用的野生动物有哪些？

禁止食用的野生动物不仅指狭义上的在野外生活的野生动物，有合法手续的正规养殖的野生动物也在禁止食用范围内。具体如下。

（1）法律明令禁止食用的野生动物　《中华人民共和国野生动物保护法》和其他相关法律明确禁止食用的野生动物。例如，野猪、竹鼠、穿山甲、狍子、麻雀、斑鸠、野鸡和大雁等野生动物。

（2）人工繁育的野生动物　例如，养殖的穿山甲、梅花鹿和娃娃鱼等。

（3）凡是没有列入《国家畜禽遗传资源品种名录》的陆生野生动物　即使不属于重点保护的野生动物也不可以食用，例如，野生蝎子、蜈蚣、蝗虫和蝙蝠等。

（4）野生的爬行动物和两栖动物　例如，野生的蛇、青蛙、鳄鱼和甲鱼等。

所有陆生野生动物均不能食用，人工养殖的也不可食用，家畜、家禽除外。

常见可食用动物有猪、牛、羊、驴、兔、鸡、鸭等和大部分水产品。

15. 抵制滥食野生动物，普通消费者可以做什么？

（1）坚决保护野生动物，维护自身健康　自觉摒弃“野味”滋补、猎奇炫耀的不健康饮食观念，坚决停止滥食野生动物的行为，不参与乱捕乱猎、非法交易野生动物的活动。

（2）在自身坚决拒绝滥食野生动物行为的同时，也要积极告诫、劝阻自己的亲朋好友不要食用野生动物。

（3）积极配合打击违法食用和违法经营野生动物的执法活动，一旦发现食用野生动物和非法猎捕、经营、运输野生动物活动的情况，及时向执法部门举报。市场监管部门通过全国 12315 平台为社会公众提供统一的投诉举报服务，对野生动物交易问题线索优先处理、从严查处，在分流、受理、处理和反馈等各个环节全线提速。

二、化学性危害

（一）重金属污染危害

16. 重金属污染的来源有哪些？

重金属是指密度在 4.5×10^{3} 千克/立方米以上的金属，如金（Au）、银（Ag）、汞（Hg）、铜（Cu）、铅（Pb）、镉（Cd）、铬（Cr）等。砷是非金属元素，但因其也具有金属的一些性质且来源和危害都与重金属相似，故也常被列入重金属的讨论中。

重金属污染主要来源于工业生产、汽车尾气和生活垃圾。处理不达标的工业废渣、废水和废气非法排放到环境中，造成了严重的水体和土壤污染。汽车用油大多数掺有防爆剂四乙基铅或甲基铅，燃烧后生成的铅及其化合物均为有毒物质。废旧电池、废灯管、废旧电器以及含重金属的油漆和染料等生活垃圾随意丢弃，也加重了重金属污染。

除了环境污染，在饲料生产销售过程中，一些不法商贩，为达到快速生长效果，谋求市场空间及高额利润，大剂量使用铜和砷等元素。饲料中添加一定量的铜和有机砷制剂有助于动物的生长，但如果过量添加，盲目使用，重金属就会积聚在动物体内，通过其产品传递给人类，影响人类健康。

17. 可能重金属超标的食物有哪些？

（1）松花蛋　又称皮蛋，是我国一个传统的风味制品。因其口感鲜滑爽口而广受人们喜爱。传统的松花蛋制作工艺中会加入氧化铅，氧化铅与其他配料混合包裹蛋壳，可以加快配料进入蛋中，也能使松花蛋凝固，方便脱壳。但是，氧化铅渗入蛋中，被人体摄入以后会在体内累积，如果经常大量食用，会危害人体健康。现在已经开发出了用硫酸铜等代替氧化铅制作无铅松花蛋的工艺，使松花蛋含铅量大大下降。购买时应该选择正规厂家生产的低铅或无铅松花蛋，控制食用的量和频次，尤其是儿童。

（2）海鲜　工业废水和生活污水被排放到江河湖海，并最终汇入海洋。进入到海洋的重金属通过“大鱼吃小鱼，小鱼吃虾米”的食物链而不断富集。近年来，不同海区出现重金属超标的事件时有发生。总的来说，贝类积累重金属的能力高于其他海鲜。而贝类消化系统和生殖系统的重金属积累量又高于肌肉。处于食物链高端的大型鱼体内通常也会富集更多的重金属，特别是头部和肝脏。那些重金属工业污染严重、人口密集的入海口及近海区等地的海鲜重金属含量可能更高。选购时注意海鲜产区和种类，控制摄入量。

（3）中药　有些中药含有重金属成分，如朱砂含汞、雄黄含砷；如若长期或过量服用，导致重金属在体内蓄积，将对肝、肾造成损害。

（4）动物内脏　动物内脏营养丰富，如肝是营养储存器官，富含铁、硒和维生素 A，能补血明目，但同时肝脏也是解毒器官，动物摄入的重金属等其他有害物质，在肝部的积累量更大。

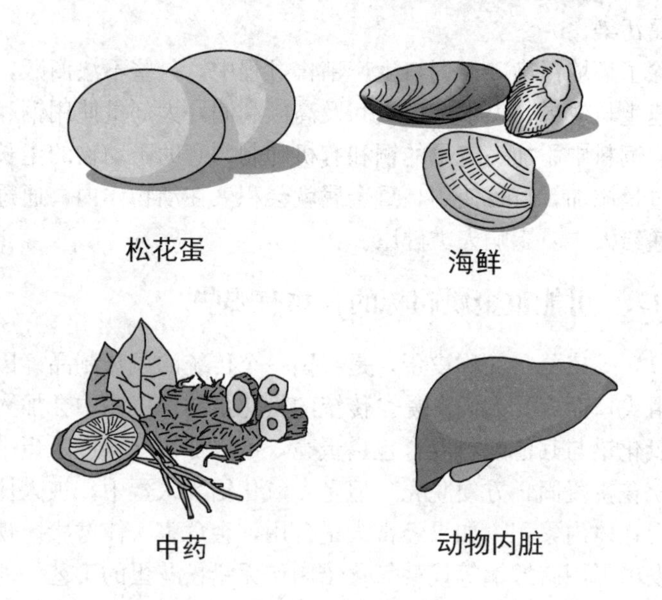

18. 摄入各类重金属分别有哪些危害？

锌：人体必需的微量元素之一，过量时可得锌热病。

锡：可在体内凝结成块，严重者致死。

锰：人体必需的微量元素之一，过量可导致神经、生殖和呼吸等系统发生损伤，还会导致甲亢。

铊：初期导致人患多发性神经炎，严重者致死。

砷：砒霜的主要成分，剧毒，致人迅速死亡。

铜：人体必需微量元素之一，摄入过量，导致恶心、呕吐或腹泻，重则肝坏死、胃肠黏膜溃疡、溶血、肾损伤甚至休克死亡。

镍：毒性相对较低，但过量摄入也会导致人呼吸功能紊乱，心肌、脑、肺和肾水肿或出血。

铅：可直接损伤脑细胞，尤其是胎儿的脑神经，导致胎儿先天大脑沟回浅，影响智商。还会导致老年人痴呆，脑死亡。

镉：导致肝肾、骨骼及消化系统功能损伤，脑血管疾病，使骨骼中钙流失，肾功能失调。

铬：摄入过多，四肢麻木，精神异常。

汞：危害中枢神经系统，导致注意力缺陷，语言和记忆功能障碍，感觉能力下降，慢性汞中毒会导致人永久性损伤。

19. 食物中的重金属污染如何规避？

（1）完善食品接触材料完全管理的法规、标准和检测体系，规范食品的加工、储运行为。

（2）禁止生产、使用含有害重金属超标的食品接触材料，倡导绿色包装。

（3）改善食品生产工艺，不使用内壁带彩釉陶瓷、铝制、铜制器具和彩色塑料、油漆餐具。

（4）不用金属、陶瓷器具长时间熬煮或盛放酸、碱性食物，减少食品在加工过程中的污染。

（二）农药残留危害

20. 果蔬常用农药及危害有哪些?

（1）有机磷农药 是指含磷元素的有机化合物农药。主要用于防治植物病、虫、草害。多为油状液体，有大蒜味，挥发性强，微溶于水，遇碱破坏。实际应用中应选择高效低毒及低残留产品，如乐果、敌百虫等。有机磷农药对人体的危害以急性毒性为主，多发生于大剂量或反复接触之后，会出现一系列神经中毒症状，如出汗、震颤、精神错乱、语言失常，严重者会出现呼吸麻痹，甚至死亡。

（2）有机氯农药 是含有氯元素的有机化合物农药。用于防治植物病虫害。主要包括以苯为原料和以环戊二烯为原料的两大类。前者如使用最早、应用最广的杀虫剂 DDT 和六六六，以及杀螨剂、杀菌剂等。此外，以松节油为原料的莰烯类杀虫剂、毒杀芬和以萜烯为原料的冰片基氯也属于有机氯农药。中毒者有强烈的刺激症状，主要表现为头痛、头晕、眼红充血、流泪怕光、咳嗽、咽痛、乏力、出汗、流涎、恶心、食欲不振、失眠以及头面部感觉异常等症状；中度中毒者除有上述症状外，还有呕吐、腹痛、四肢酸痛、抽搐、呼吸困难、心动过速等症状；重度中毒者除上述症状明显加重外，尚有高热、多汗、肌肉收缩、癫痫样发作、昏迷等症状，甚至死亡。

（3）拟除虫菊酯类农药 是人工合成的一类模拟天然除虫菊素的杀虫剂。主要用于防治农业害虫。轻度中毒者出现头痛、头晕、乏力、视力模糊、恶心、呕吐、流涎、多汗、食欲不振和瞳孔缩小等症状。中度中毒者除上述症状加重外，尚有肌纤维颤动。重度中毒者可有昏迷，肺水肿，呼吸衰竭，心肌损害和肝、肾功能损害。

21. 农药残留的原因有哪些?

（1）施药后直接污染　在农业生产中，农药直接喷洒于农作物的茎、叶、花和果实等表面，造成农产品污染。部分农药被农作物吸收进入植株内部，经过生理作用运转到植物的根、茎、叶和果实，代谢后残留于农作物中，尤其以皮、壳和根茎部的农药残留最高。在兽医临床上，使用广谱驱虫和杀螨药物（如有机磷、拟除虫菊酯、氨基甲酸酯类等制剂）杀灭动物体表寄生虫时，如果药物用量过大被动物吸收或舔食，在一定时间内可造成畜禽产品中农药残留。在农产品储藏中，为了防止其霉变、腐烂或植物发芽，施用农药造成食用农产品直接污染。如在粮食中使用熏蒸剂、柑橘和香蕉中用杀菌剂，以及马铃薯、洋葱和大蒜中用抑芽剂等均可导致这些食品中残留农药。

（2）从环境中吸收　农田、草场和森林施药后，有40%～60%的农药降落至土壤，5%～30%的药剂扩散于大气中，逐渐积累，通过多种途径进入生物体内，致使农产品、畜产品和水产品出现农药残留。当农药落入土壤后，逐渐被土壤吸附，植物通过根茎部从土壤中吸收农药，引起植物性食品中农药残留。水体被污染后，鱼、虾、贝和藻类等水生生物从水体中吸收农药，引起组织内农药残留。用含农药的工业废水灌溉农田或水田，可导致农产品中农药残留。甚至地下水也可能受到污染，畜禽可以从饮用水中吸收农药，引起畜产品中农药残留。虽然大气中农药含量甚微，但农药的微粒可以随风、大气漂浮、降雨等自然现象造成很远距离的土壤和水源污染，进而影响栖息在陆地和水体中的生物。

（3）通过食物链污染 农药污染环境，经食物链传递时可发生生物浓集、生物积累和生物放大，致使农药的轻微污染而造成食品中农药的高浓度残留。

（4）其他途径 食品在加工、储藏和运输中，使用被农药污染的容器、运输工具，或者与农药混放、混装均可造成污染。拌过农药的种子常含大量农药，不能食用。食品加工厂、家庭等广泛使用各种杀虫剂、灭蚊剂和杀蟑螂剂，使人类食品受污染的机会增多，范围扩大。此外，高尔夫球场和城市绿化地带也经常大量使用农药，经雨水冲刷和农药挥发均可污染环境，进而污染人类的食物和饮水。

22. 农药残留对人体有哪些危害?

（1）急性中毒 急性中毒主要是由于职业性（生产和使用）中毒、自杀或他杀以及误食、误服农药，或者食用刚喷洒高毒农药的蔬菜和瓜果，或者食用因农药中毒而死亡的畜禽肉和水产品而引起。中毒后常出现神经系统功能紊乱和胃肠道不适症状，严重时会危及生命。

（2）慢性中毒 大部分有机合成农药都是脂溶性的，易残留于食品原料中。如果长期食用农药残留量较高的食品，农药会在人体内逐渐累积，损害人体的神经系统、内分泌系统、生殖系统、肝脏和肾脏，引起结膜炎、皮肤病、不育、贫血等疾病。这种中毒过程较为缓慢，症状短时间内不太明显，容易被人们所忽视，具有很大的潜在危害性。

（3）特殊中毒 目前通过动物实验已证明，有些农药具有致癌、致畸和致突变的“三致”作用，或具有潜在“三致”作用。

23. 生活中减少农药残留有哪些措施?

（1）清水冲洗浸泡　先用清水冲洗表面，再用清水浸泡不超过10分钟，不可浸泡时间过长。用于果蔬的农药多为脂溶性农药，其防治效果更好，但是因为其渗透性远远大于水溶性农药，所以残留量也会更高。用水浸泡不能去除脂溶性农药，而只能去除水溶性农药。时间久了，水中的水溶性农药会重新吸附到果蔬表面。浸泡后再用流水冲洗果蔬2～3遍，轻搓表皮。

（2）加小苏打　冲洗和浸泡时加一勺小苏打，小苏打溶液呈弱碱性，农药遇到酸性或碱性溶液，稳定性容易被破坏分解，失去毒性。

（3）去掉外叶或外皮　对块根类蔬菜水果彻底削皮将去掉大部分农药残留。像白菜一类的包叶蔬菜的表面容易残留农药，食用的时候可以丢弃最外一层菜叶。瓜果洗净、削皮，去掉表皮的部分不要再与表皮接触。

（4）用热水烫　先将蔬菜用清水清洗表面，然后用沸水烫2～5分钟，再用清水冲洗即可。

清水冲洗浸泡　加小苏打

去掉外叶或外皮　用热水烫

（三）兽药残留危害

24. 常见的兽药有哪些?

兽药是用于预防、治疗和诊断动物疾病、促进动物生长繁殖及提高生产效能的物质。按照来源不同可分为天然药物、合成药物和生物技术药物。天然药物有芒硝、硫黄、石膏等天然矿物质，有大黄、黄连等中草药提取成分，有胃蛋白酶等动物原料加工的药物，还有微生物产生的一些抗生素等。化学合成的有磺胺类、喹诺酮类、有机磷类、维生素类、肾上腺素、性激素等。生物技术类主要包括预防或治疗传染病的菌苗、疫苗、类毒素、抗毒素和抗血清干扰素等生物制品。

25. 食品中兽药残留超标的原因有哪些?

兽药在动物性食品中过量残留，主要是由以下用药错误造成的。

（1）不按照用药指示应用药物　如用药剂量、给药途径、用药部位等不符合用药指示。

（2）不遵守休药期　在休药期结束前屠宰动物（休药期指动物从停止用药到许可屠宰或其产品许可上市的间隔时间。其长短根据药物在动物体内吸收、分布、转化、排泄与消除过程的快慢而制订的）。

（3）使用未经批准的药物作为饲料添加剂饲喂动物。

（4）药物标签上的用法指示不当，造成违章残留物。

（5）未记录用药。

（6）饲料加工设备受污染或将盛放药物的容器用于储藏饲料。

（7）摄入含有药物的污染物或畜禽废弃物。

（8）任意用抗生素药渣饲喂畜禽或滥用抗生素等。

此外，随着人类对动物性食品的需求不断提高，养殖者为了提高生产效率，多采用集约化生产的模式饲养畜、禽、鱼等动物。集约化饲养条件下，动物密度高，导致疾病极易蔓延，造成用药频率增加。

26. 兽药残留对人体的危害有哪些？

动物性食品中的兽药残留危害人体健康，主要表现为变态反应（过敏反应）、细菌耐药性、致畸作用、致突变作用和致癌作用，以及激素样作用。此外，还有一般毒性作用，如克仑特罗的毒性作用。

（1）变态反应　有些药物可引起某些个体发生变态反应，即过敏反应，出现皮疹、荨麻疹、皮炎、发热、血管性水肿、哮喘、过敏性休克等症状。例如，青霉素、四环素类、磺胺类等药物均具有致敏作用，食用这些药物残留量高的动物性食品，可引起某些个体出现变态反应。

（2）细菌耐药性　细菌耐药性指某些细菌菌株对通常能抑制其生长繁殖的某种浓度的抗生素产生了耐受性。抗微生物药物残留对人胃肠道的微生态系统产生影响，引起菌群失调，细菌产生耐药性。随着抗生素的应用不断增加，细菌中的耐药菌株数量也在不断增加。

（3）“三致”作用　即致畸作用、致突变作用和致癌作用。例如，雌激素类（己烯雌酚）、同化激素（苯丙酸诺龙）、喹噁啉类（卡巴氧）、硝基呋喃类（呋喃西林、呋喃它酮）、硝基咪唑类等药物具有“三致”作用。许多国家已明令禁止在食品生产和动物养殖中使用这些药物，也不得在动物性食品中检出这些药物。

（4）激素样作用　动物性食品中残留的激素具有激素样作用，主要表现在三个方面，对内分泌功能具有影响；性激素对生育能力有影响；可促使儿童性早熟。如雌性激素能引起女性早熟、男性女性化，雄性激素类能导致男性早熟，女性男性化。

（5）毒性作用　有些药物急性毒性强，尤其残留量高时，可引起人发生急性中毒。长期食用残留兽药的动物性食品，药物在人体内蓄积，达到一定浓度后，即可对机体产生慢性毒性作用，损害肝肾、消化系统、神经系统、造血系统、循环系统等。例如，氨基糖苷类可引起前庭功能障碍和耳蜗听神经损伤，导致眩晕和听力减退；氯霉素能抑制骨髓造血机能，引起再生障碍性贫血。

（四）食品添加剂超标危害

27. 食品添加剂是什么?

食品添加剂是为改善食品色、香、味等品质，以及为防腐和加工工艺的需要而加入食品中的人工合成或天然物质。目前，我国食品添加剂有 23 个类别，2 000 多个品种，包括酸度调节剂、抗结剂、消泡剂、抗氧化剂、漂白剂、膨松剂、着色剂、护色剂、酶制剂、增味剂、营养强化剂、防腐剂、甜味剂、增稠剂和香料等。食品添加剂一般没有营养价值，不单独作为食品来食用。

28. 添加食品添加剂的原因是什么?

我国目前批准使用的食品添加剂有 2 000 多种，按功能分为 23 个类别。它们已通过安全性实验获得批准，在规定剂量内都是安全的。

在现代食品生产中，使用食品添加剂是十分必要的。营养增强剂可以保持或者提高食品的营养，例如，高钙饼干中的钙。酸度调节剂可作为某些特殊膳食食品中不可缺少的配料，例如，婴幼儿食品中的碳酸钾、碳酸氢钾。抗氧化剂能提高食品的质量和稳定性，例如，食用油中的 TBHQ。果肉罐头里的防腐剂和包装里充的氮气，使食品在运输和储存过程中更方便。一些人工合成色素，在大剂量使用的情况下会干扰机体脂肪、蛋白质的代谢，且有致癌作用，但按规定小剂量使用，可以随人体正常代谢排出，是安全的。一些人谈防腐剂色变，但是如果不加防腐剂，食品快速腐败变质，甚至产生毒素，不仅会造成严重浪费，而且也会危害人们身体健康。因此，在规定剂量内添加合法的食品添加剂是正确的。

29. 天然食品添加剂有哪些？

天然食品添加剂包括从动植物中天然提取的和微生物发酵得到的两大类。

（1）天然食品着色剂　有叶绿素、番茄红素、紫胶红（虫胶红）、胭脂虫红和红曲红等。相对安全性较高，部分是人体所必需的，而且着色自然。但是难溶解，导致着色不均匀，稳定性较差，受 pH、氧化、光照、温度等影响较大，成本高，工艺复杂。

（2）天然食品增稠剂　大多为天然多糖及其衍生物（除明胶是由氨基酸构成外），广泛分布于自然界。由植物渗出液制取的增稠剂主要成分是葡萄糖和其他单糖缩合而成的多糖类衍生物，如阿拉伯胶、桃胶；由植物种子、海藻制取的增稠剂是多糖聚合物的盐，如瓜尔胶、卡拉胶；由含蛋白质的动物原料制取的增稠剂，如明胶、酪蛋白；还有以天然物质为基础的半合成增稠剂以及真菌或细菌（特别是由它们产生的酶）与淀粉类物质作用时产生的增稠剂，如黄原胶等；由微生物代谢获得的增稠剂，如黄原胶、结冷胶、气单孢菌属胶；有酶处理生成的酶解瓜尔豆胶。

（3）天然防腐剂　有微生物代谢过程中产生的具有抗菌作用的物质，如乳酸链球菌素、纳他霉素、溶菌酶等。从植物体内提取到的，如果胶、茶多酚、银杏叶提取物。从动物身体中或产品中提取到的，如壳聚糖、蜂胶、鱼精蛋白。

（4）天然抗氧化剂　是从中草药开发、从香辛料分离和其他的一些天然抗氧化物。香辛料具有较强的抗氧化功效，其主要的抗氧化成分为酚类及其衍生物。很多植物原料中都含有抗氧化物质，从银杏叶中提取的黄酮类物质可以用于食品、医药、保健食品和化妆品；从忍冬叶中可以提取咖啡酸、异绿原酸等抗氧化成分。还有维生素E、茶叶提取物、生姜提取物、薄荷提取物、谷胱甘肽等。另外，铁粉和亚铁盐既可以做抗氧化剂，又能补铁。

（5）天然食品调味剂　有酸度调节剂，如食醋、柠檬酸和乳酸；甜度调味剂，如蔗糖、甜叶菊糖和甘草提取物；鲜味剂，如氨基酸类、核苷酸类；苦味剂，如生物碱类、萜类、苷类。

（6）其他　天然食品香料和香精，天然氨基酸、无机盐和维生素增强剂，各类酶制剂，酵母、碳酸氢钠等天然膨松剂，大豆蛋白粉、乳清蛋白粉等水分保持剂，硫酸钙、盐卤等凝固剂。

30. 食品中禁止使用的添加剂有哪些？

国家明令禁止的食品添加剂有71种，以下仅简要介绍10种。

（1）苏丹红　是一种化学染色剂，化学成分含萘，偶氮结构，有致癌性，对人的肝、肾器官有明显的毒性。苏丹红主要用于石油、机油和其他一些化学溶剂中，也用于鞋和地板的增亮。苏丹红有1～4号，一般不溶于水。不法商贩将其用于辣椒粉的增色和着色，用其喂养禽类，获取红心蛋。

（2）吊白块　化学名称为次硫酸氢钠甲醛，是一种工业漂白剂，有较强的还原性。不法商贩在食品加工中用吊白块会产生甲醛，使蛋白质凝固而失去活性。食用添加吊白块的食品会损伤人的皮肤黏膜、肾脏、肝脏和神经中枢，严重者导致癌症和畸形病变。吊白块常被非法用于面条、米饭、米线、豆腐皮、腐竹、红糖、冰糖、银耳、牛百叶和海鲜等食品中，可增白增色、保鲜、延长保质期、增加口感和韧性，使食品久煮而爽口不糊。

（3）工业用甲醛　俗称福尔马林，是一种工业漂白剂。甲醛无色气体，易溶于水，有刺激性气味，能防腐，可用来浸泡病理切片及人体或动物标本。不法商家主要将其用于海参和鱿鱼等水产品、干水产品、水发产品，以及粉丝、腐竹、啤酒、卤泡食品、淹泡食品和血制品等的防腐杀菌、漂白、凝固定型、改善外观。

（4）硼砂　是一种有毒化工原料，毒性高。不法商贩将其用于面条、粽子、糕点、凉粉、凉皮、肉丸和腐竹等食品中，可增筋、增弹、酥松、鲜嫩、改善口感。

（5）砒霜　是一种有毒化工原料。不法商贩用其浸泡毛肚，使其增脆、改善口感。

（6）硫酸　是一种具有强烈腐蚀性的化学制剂。不法商贩用其喷洒或浸泡荔枝等水果以保鲜着色，硫酸可以灼伤人的消化道，使黏膜受损，引发感冒、咳嗽、腹泻。

（7）洗衣粉　主要成分是表面活性剂、软水剂、漂白剂、酶、羧甲基纤维素、香精、色素和硫酸钠。不法商家将其用于油条、油饼、包子、馒头和血制品等食品中，可膨酥和膨大定型。

（8）医用石膏　不法商贩将其用于制作豆腐，可减少成本，增加凝固。

（9）“瘦肉精”　是一种肾上腺类受体神经兴奋剂。人食用含“瘦肉精”的肉制品，会出现头晕恶心、手脚震颤、心跳加快，甚至心脏骤停的症状。特别对心律失常、高血压、青光眼、糖尿病和甲亢的患者危害更大。不法商贩为使猪多长瘦肉，少长肥肉，在饲料中非法添加“瘦肉精”使猪骨骼肌中蛋白质合成增多，脂肪沉积减少，使猪少吃饲料，加快出栏，降低饲养成本，增加瘦肉率。

（10）工业盐　含有致命的亚硝酸盐、铅和砷等有害物质。不法商贩将其用于加工酱菜、泡菜、浸泡陈年大米，可去除陈旧黄色，制成米粉，加工腐肉，亚硝酸盐能维持肌肉中的肌红蛋白，使腐肉色泽红润。

第三章 食品安全与健康饮食

一、蔬菜类食品安全

31. 食用菠菜的益处及注意事项有哪些？

菠菜营养丰富，富含胡萝卜素、维生素C、维生素K、矿物质（钙质、铁质等）、辅酶Q_{10}等多种营养素。菠菜是最适宜养肝的绿色蔬菜，尤其对缺铁性贫血有很好的改善作用。菠菜中所含的胡萝卜素，在人体内转变成维生素A，对改善视力，维护上皮细胞健康，提高机体免疫力，促进儿童生长发育也有一定的作用。菠菜含有大量的植物粗纤维，具有促进肠道蠕动的作用，利于排便，且能帮助消化。

但是患有尿路结石、肠胃虚寒、大便溏薄、脾胃虚弱、肾功能虚弱、肾炎和肾结石等病症者不宜多食或应忌食。选购菠菜以色泽浓绿且有光泽，叶片充分伸展、肥厚，根为红色，茎叶不老，无抽薹开花和不带黄烂叶者为佳。

32. 食用生菜的益处及注意事项有哪些？

生菜茎叶中的莴苣素，味微苦，可以清热提神、镇痛催眠、降低胆固醇、辅助治疗神经衰弱。生菜中的甘露醇等有效成分，有利尿、促进血液循环、清肝利胆及养胃的功效。常吃生菜能改善血液循环，促进脂肪和蛋白质的消化吸收，消除多余脂肪，可以有效提高人体免疫力并清除血液垃圾。生菜中含有一种“干扰素诱生剂”，可刺激人体正常细胞产生干扰素，从而产生一种“抗病毒蛋白”抑制病毒，提高人体免疫力。生菜还含有大量β胡萝卜素、抗氧化物、维生素B_1、维生素B_6、维生素E、维生素C、膳食纤维素和微量元素，如镁、磷、钙及少量的铁、铜、锌。晚餐吃生菜，对减肥有很大的帮助，有利于保持苗条身材。

生菜性凉，女性如果自身的体质属于寒性体质，吃太多生菜，对脾胃有一定的不良作用。正常食用没有问题，但是不要吃很多。尿频之人应慎食。选购时挑选手感较轻和新鲜的。生菜保存期短，极容易腐烂变质，从而导致食用后腹泻。

33. 食用韭菜的益处有哪些?

韭菜的主要营养成分有维生素 C、烟酸、胡萝卜素、碳水化合物及矿物质。韭菜还含有丰富的纤维素，比大葱和芹菜都高。韭菜叶、韭菜薹、韭菜花、韭菜籽都是具有高营养价值的美食。温室避光栽培的韭菜称“韭黄”，叶嫩柔软，味道鲜美。

韭菜的独特辛香味是其所含的硫化物形成的，这些硫化物有一定的杀菌消炎作用，可抑制绿脓杆菌、痢疾、伤寒、大肠杆菌和金黄色葡萄球菌，有助于人体提高自身免疫力，还能帮助人体吸收维生素 B_1、维生素 A，因此，韭菜可以与维生素 B_1 含量丰富的猪肉类食品互相搭配。有助于疏肝理气，增加食欲。提高肠胃功能，可用于缓解食欲不振和消化不良的病症。

韭菜中含有比较多的膳食纤维，可以促进肠道蠕动，还可以把消化道中的残渣包裹起来，成为排泄物排出体外，保持大便通畅，预防便秘和大肠癌的发生，同时又能减少对胆固醇的吸收，起到预防和治疗动脉硬化、冠心病等疾病的作用。

34. 食用韭菜的注意事项有哪些?

（1）不可加热时间过久，食用也不宜生食。硫化物遇热易挥发，因此，烹调韭菜时须急火快炒起锅。韭菜中含有丰富的 B 族维生素，加热会使其破坏。韭菜可先焯水后烹制，可减少草酸含量，有益健康。

（2）基本上所有的植物中都含有硝酸盐和亚硝酸盐，韭菜也不例外，保存时间过长，蔬菜中的硝酸盐会转化成亚硝酸盐。加热后，还原亚硝酸盐的还原酶失去了活性，就会减少亚硝酸盐的产生。但是韭菜炒熟了再保存，细菌就会迅速繁殖，产生亚硝酸盐。因此，隔夜的韭菜不能吃。

（3）韭菜的粗纤维较多，不易消化吸收，一次不能食用太多，否则大量粗纤维刺激肠壁，往往引起腹泻。经常腹泻的人更要注意，最好控制在一顿100～200克、不能超过400克。大病初愈的人，由于体质较弱、消化能力较差，建议不要食用韭菜。

（4）吃韭菜讲究季节，初春时节的韭菜品质最佳，嫩、鲜；清明时节吃韭菜明目；晚秋韭菜品质次之，夏季最差。有“春食则香，夏食则臭”之说。

（5）韭菜性温，如果有经常手脚心发热、盗汗等症状，不适合多吃韭菜。韭菜味道较浓烈，残留在口腔的味道比较长久，加上韭菜容易上火，因此，口臭、口舌生疮、咽干喉痛等热性病症患者不宜多吃韭菜。

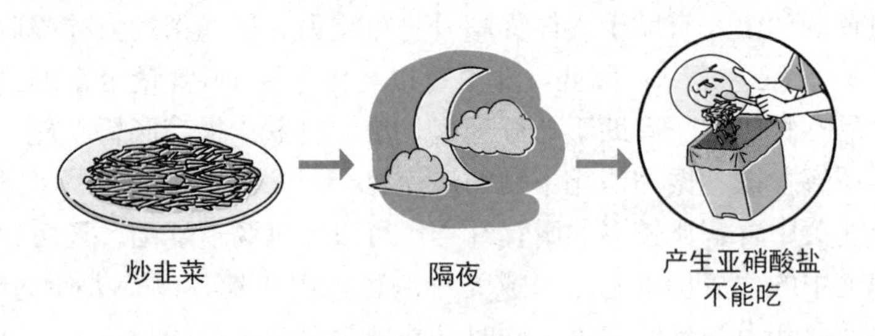

35. 食用花椰菜的益处有哪些?

花椰菜富含多种吲哚类衍生物，有分解致癌物质的能力。

《中国药典》中称“花椰菜是含有类黄酮最多的食物之一，类黄酮除了可以防止感染，还是最好的血管清理剂，能够阻止胆固醇氧化，防止血小板凝结成块，因而减少心脏病与中风的危险。”类黄酮化合物还能降低血管的脆性，改善血管的通透性。许多黄酮类成分具有止咳、祛痰、平喘及抗菌的活性，同时具有护肝、解毒、抗真菌、抗自由基和抗氧化，治疗急性、慢性肝炎和肝硬化的作用。除此之外，黄酮类化合物还具有与植物雌激素相同的作用，可以用来预防骨质疏松、乳腺癌、心血管疾病和围绝经期综合征等。

花椰菜里的磷元素参与了所有生理上的化学反应，是能量转换的关键物质，能够调节酸碱平衡，还可帮助葡萄糖、蛋白质、脂肪的代谢与吸收等，另外，它还有益于维持肾脏正常的机能和传达神经活动。

花椰菜里的钙元素对人体的健康也有极大的作用，钙是构成骨骼和牙齿的一种重要元素，它能维持所有细胞的正常生理状态，控制神经感应性及肌肉收缩，帮助血液凝固，减轻女性经前不适，缓冲疲劳，加速精力恢复，增强人体抵抗力。《中医大辞典》中记载“花椰菜里的钙、磷元素十分丰富，不但有利于人的生长发育，更重要的是能提高人体免疫功能，增强人的体质。”

花椰菜中维生素 C 含量非常丰富，平均营养价值及防病作用远远超出其他蔬菜。

36. 选购及烹调花椰菜时需要注意什么？

（1）从花球和花梗两方面观察花椰菜是否新鲜。选择花球形状成熟饱满，颜色洁白或微黄，四周花蕾没有散开的。花蕾散开可能是存放时间较长；颜色深黄甚至发黑证明花椰菜腐败变质，不能再食用；如果花椰菜纯白到假白，一点杂色没有，就要提防是否使用了过量的食品添加剂。花椰菜花梗最好白中透绿、水润，没有虫子咬食或运输时大量磕碰的伤痕。闻起来有一股植物的自然味道，没有异味。

（2）花椰菜非常容易携带虫子及虫卵，在烹饪之前，最好用低浓度盐水先浸泡一下。但是浸泡时间不宜过久，盐分会让菜花的细胞发生离子交换，改变细胞膜的通透性，引发营养素不同程度的流失。

（3）清蒸或是烤箱烘烤比较适合烹调花椰菜，不需要加太多调味品，以免遮盖掉花椰菜本身的清甜味道。高温油炸会破坏花椰菜中的维生素 C 和 B 族维生素。花椰菜中很多营养素是水溶性的，水煮容易造成营养流失。

37. 食用豆角的益处及注意事项有哪些?

豆角含丰富的蛋白质、脂肪、碳水化合物、膳食纤维、维生素、胡萝卜素等人体所需的营养物质。

蛋白质丰富的豆角有“菜中之肉”的美称。豆角富含钾、钙、铁、锌、锰等微量元素。豆角偏碱性，可以平衡人体的酸碱度，有抗疲劳和降血脂的功效。

豆角中富含纤维素，能促进肠胃蠕动，从而促进消化，减少排泄物及有害物质在大肠中停留的时间，有预防肠道疾病的效果。豆角含有丰富的B族维生素，有助于消化腺正常分泌，与纤维素一起帮助消化和增进食欲。

豆角中的磷脂能促进胰岛素分泌，增加糖代谢。豆角中的烟酸（维生素 B_3）是天然的血糖调节器。因此，糖尿病等患者可以常食用豆角。

豆角和许多其他豆类蔬菜都含有皂苷和植物凝集素，它们会刺激肠胃黏膜，破坏细胞和造成溶血现象。生食豆角会让人出现饱腹、恶心、眩晕、呕吐、腹泻等中毒症状。严重者可能出现呕血、四肢麻木。因此，必须经过充分的加热，将豆角中所含有的皂苷和植物凝集素完全破坏，才可以放心地食用。可先用水将豆角彻底煮透后再进行爆炒。

38. 食用马铃薯的益处和注意事项有哪些?

马铃薯是仅次于小麦、水稻和玉米的全球第四大重要粮食作物，是欧美国家特别是北美居民的第二主食。马铃薯块茎淀粉含量丰富，可为人体提供充足的热量；马铃薯中含有的维生素种类又比其他粮食作物全面；马铃薯中富含钾，钾在人体中维持着细胞内的渗透压，参与能量代谢过程；马铃薯中含有降血压的成分，能阻断血管紧张素Ⅰ转化为血管紧张素Ⅱ，使血管紧张素Ⅱ的血浆水平下降，使周围血管舒张，血压下降。

食用马铃薯应该避免龙葵素中毒。龙葵素主要存在于马铃薯植株的花和叶子里，起到预防虫害的作用。正常情况下，在马铃薯的块茎中，龙葵素主要集中在表皮，且含量很少，所以不会危害人们的身体健康。但是当储存不当时，马铃薯经日晒而变绿和发芽，就会含有大量龙葵素。如果马铃薯只有部分变绿，我们可以将绿色部分全部削掉，彻底挖净芽和芽眼再食用。如果马铃薯变绿和发芽非常严重，则不要食用。在选购时，不要购买变绿的马铃薯，存放的时候，一定注意避光。马铃薯去皮，切成块、片或丝，放在冷水中浸泡半小时以上，可减少毒素残留。因为龙葵素呈弱碱性，所以烹调时加入食醋，可以起到解毒的作用。较长时间的高温烹饪也能使龙葵素分解。龙葵素口感苦麻，如果食用马铃薯时感到舌头发麻，应立即停止食用，以防中毒。

39. 食用胡萝卜的益处和注意事项有哪些?

胡萝卜富含胡萝卜素，胡萝卜素是维生素 A 的主要来源，而维生素 A 有补肝明目，预防夜盲症，减少眼睛疲劳干燥的作用。维生素 A 还可以促进生长，防止细菌感染，保护表皮组织。胡萝卜素分子结构中含有多个双键，能抑制脂质的过氧化反应，减小过氧化物对免疫功能的抑制。胡萝卜素能清除体内多余的自由基，延缓衰老。胡萝卜中含有一种槲皮素，常吃可增加冠状动脉血流量，促进肾上腺素合成，有降压、消炎之功效。胡萝卜含有丰富的果胶酸钙，它能加速胆汁酸凝固，促使体内胆固醇向胆汁酸转变，起到降低胆固醇、预防冠心病的作用。胡萝卜素是脂溶性的，另外醋酸呈弱酸性，会使胡萝卜素分解，所以烹调时要注意。胡萝卜中还含有一种维生素 C 的分解酶，所以不要同富含维生素 C 的食物一起食用，以防维生素 C 被破坏。

40. 食用番茄的益处和注意事项有哪些?

番茄营养丰富，风味独特，可以生食、熟食、加工番茄酱或汁。番茄中含有番茄红素，是一种抗氧化剂。番茄红素的官能团易断裂，能结合细胞基质中的自由基，保护细胞核中的DNA免遭破坏。天然存在的番茄红素都是全反式，通过高温蒸煮等能使其向顺式构型转变，更容易被人体吸收。因此，番茄熟食利于吸收。但要注意，番茄红素在酸和高温条件下不稳定。另外，生食番茄可以补充维生素C，清暑热。维生素C能够有效激活氨基酸的代谢，使细胞活力显著增强，促进钙、铁的吸收，还能清除血液垃圾和杂质，净化血管环境，抑制出血点出血。维生素C可以从源头调控络氨酸酶的合成过程，抑制络氨酸酶催化生成黑色素，减少黑色素的沉淀，具有美白功效。番茄中含有苹果酸、柠檬酸，可增加胃液酸度，帮助消化。番茄中含有果酸，能降低胆固醇。

选购番茄时，挑果形周正浑圆，颜色粉红，表皮有小白点，无裂口、虫咬，成熟适度，酸甜适口，肉肥厚，心室小者。应避免空腹吃番茄，因为空腹时胃酸分泌量增多，番茄所含的某种化学物质与胃酸结合易形成不溶于水的块状物，引起腹痛；也不宜吃未成熟的青色番茄，其可能含有毒的龙葵碱。

41. 食用黄瓜的益处有哪些？

黄瓜味甘、性凉，具有利水利尿、清热解毒的功效。黄瓜钙含量较高，还含有糖、维生素及少量无机盐。夏季炎热烦渴、咽喉肿痛等症状均可食用黄瓜缓解。黄瓜既可炒菜熟食，又可作为水果生食。鲜黄瓜中还含有丙醇二酸，可以抑制糖类物质转变为脂肪，因此，多食用黄瓜可以起到减肥、延缓血管硬化的作用。黄瓜中的硅可使头发柔顺，指甲光亮结实，还有利于关节结缔组织健康。黄瓜与胡萝卜同食可降低尿酸，缓解关节炎和痛风。新鲜黄瓜中能有效促进机体的新陈代谢、扩张皮肤的毛细血管、促进血液循环、增强皮肤的氧化还原作用，因此，黄瓜也具有美容效果。同时，黄瓜中含有丰富的维生素，能够为皮肤提供充足的养分，有效对抗皮肤衰老。黄瓜汁对治愈牙龈疾病有益，常吃能使口气更清新。黄瓜含有细纤维素，能够促进肠道蠕动，帮助排出体内宿便。黄瓜含有大量的B族维生素和电解质，可减轻酒后不适，缓解宿醉。食用黄瓜有利于胰腺分泌胰岛素，可辅助治疗糖尿病。黄瓜中的固醇类成分能降低胆固醇。黄瓜富含的膳食纤维、钾和镁对调节血压有益，可帮助预防高血压。

42. 食用黑木耳的益处有哪些？

黑木耳质地柔软，口感细嫩，味道鲜美，风味独特，营养价值可与动物性食物相媲美，富含蛋白质、脂肪、糖类及多种维生素和矿物质，有“素中之荤”的美誉。

黑木耳中含有丰富的植物胶原成分、植物碱及活性酶，有较强的吸附作用，有助于清除消化道中不小心摄入的不能被消化的沙子、头发、金属屑、木渣、谷壳等异物。理发师、教师和面粉加工、冶金、采矿、棉纺毛纺等的从业者，空气中比较容易有异物，可以适当食用黑木耳清理肠胃。黑木耳中含有丰富的植物胶质和多糖体，有滋补功效。黑木耳中含有的膳食纤维，能够促进肠胃蠕动，帮助清理和排除人体肠胃中的有毒物质，预防便秘和结肠癌，促进肠道内脂肪的排出，减少人体对脂肪的消化和吸收，有助于减肥。黑木耳中含有丰富的维生素 E，是一种抗氧化物质，具有抗衰老的作用。黑木耳中铁含量高，能够预防缺铁性贫血，女性食用能够使肌肤红润。黑木耳中还含有一种能够抑制血小板凝集的成分，能够降低人体内的血液黏度，促进血液流通。

43. 食用银耳对人体的益处和注意事项有哪些？

银耳是一种滋补佳品。银耳多糖占其干重的 60%～70%，是一种重要的生物活性物质，能够增强人体免疫力。银耳无论颜色、口感、功效都与燕窝相似，且价格便宜，常被称为“穷人的燕窝”。银耳是良好的蛋白质来源，蛋白质占干银耳重量的 6%～10%，银耳主要含有 17 种氨基酸，其中谷氨酸含量最高，天冬氨酸次之，人体所必需的 8 种氨基酸中，有 7 种都可以从银耳中获得。银耳中的不饱和脂肪酸约占总脂肪酸量的 75%，其中主要成分是亚油酸。银耳中还含有多种无机盐和维生素。

经水泡发后，朵形完整、菌片呈白色或微黄、有弹性、无异味的银耳比较好，菌片呈深黄或黄褐色、发黏不成形、无弹性、有异味的则不要食用。银耳不是越白越好，假白且有酸臭味的银耳一般是用硫黄熏蒸过，不要购买。银耳最好用冷水泡。热水不易使银耳充分发开，还会影响口感和造成营养成分流失。最好当天泡发，当天食用，让根部向上，便于泡透。待泡发后只需洗掉泥沙和发硬的根结，不可用力搓洗。

44. 食用金针菇的益处有哪些?

金针菇蛋白质含量丰富，富含 8 种人体必需氨基酸。其中，赖氨酸和精氨酸特别有利于儿童骨骼成长和智力发育，能刺激并帮助大脑释放生长激素，从而促进智力发育，显著提高记忆力。金针菇也因此被称为益智菇。金针菇的柄含有大量纤维，可以吸附胆酸，降低胆固醇，促使胃肠蠕动。真菌多糖除了能刺激胃肠蠕动，还能为胃肠道的微生物提供必要的食物，更好地维护胃肠道健康。金针菇中维生素 C 的含量在食用菌中较高，为同等数量下香菇与平菇的 3～4 倍。此外，金针菇还是一种典型的低钠高钾食品，对心血管疾病患者特别是心脏病、高血压患者有益。金针菇中铁的含量是菠菜铁含量的 20 倍之多。

二、肉蛋和水产品食品安全

45. 选购和食用猪肉的注意事项有哪些?

猪肉含有丰富的蛋白质、脂肪、碳水化合物、钙、铁、磷等营养成分。

选购猪肉时，可以根据肉的颜色、外观、气味来判断肉的质量。优质的猪肉，呈均匀的淡红色或者鲜红色，脂肪洁白而有光泽，带有肉的鲜香味，并盖有检验章。肉的外面往往有一层稍干燥的膜，不黏手，肉质紧密，富有弹性，手指压后凹陷处立即复原。不新鲜的猪肉肉色暗淡，缺乏光泽，脂肪呈灰白色，表面带有黏性，甚至带有酸败霉味，肉质松软，弹性小。肉变质则黏性更大，呈灰褐色，肉质松软无弹性。注水肉呈灰白色或淡灰，肉表面有水渗出，结缔组织呈水泡样，新鲜的切口有小水珠外渗。冻猪肉解冻后有大量淡红色血水流出。死猪肉的血通常放不干净，外观呈暗红色，肌肉间毛细血管中有紫色瘀血。"米猪肉"内带有囊虫，即瘦肉中有呈椭圆形、乳白色、半透明的水泡，大小不一，从外表看，肉中像是夹着米粒。

猪肉一般用冷水清洗，因为热水会热解掉猪肉中的肌溶蛋白，影响口感。猪肉不宜长时间泡水。猪肉的肉质比较细、筋少，斜切可使其不破碎，吃起来不塞牙。猪肉中有时会有寄生虫，应完全煮熟食用。

46. 选购鸡肉的注意事项有哪些?

新鲜的鸡肉颜色粉嫩有光泽，表面光滑，没有黏液，表皮颜色为黄白色，有新鲜的肉味，软骨白净透粉。不新鲜的鸡肉表皮没有光泽，有黏腻感和腥臭味，肉色发暗。骨头呈黑色的鸡肉可能是经过反复冷冻再解冻的，其肉质也已经变质。

鸡肉注水导致细胞膨胀性破裂，蛋白质流失，降低了鸡肉的营养价值，还易造成微生物大量繁殖。选购时要注意，注水鸡肉摸上去高低不平，像是长有肿块，而正常鸡肉摸起来比较平滑。

选购鸡翅时看毛细孔，毛细孔大的表明饲养时间长，肉质较粗。买鸡胸肉时挑表面完整，没有损伤的。

在挑选熟食鸡时，先观察鸡的眼睛，健康的鸡眼睛是半睁半闭的，病死的鸡在死的时候已经完全闭上了。再看一下鸡肉内部的颜色，健康的鸡肉呈白色，因为血已经放完，而病死的鸡，其在死的时候是没有放血的，因此，肉色会变红。

47. 选购鸡蛋的注意事项有哪些?

购买时先看鸡蛋外壳是否洁净完整，有无裂缝和霉点，蛋壳表面如果特别光滑，可能已经存放很长时间了。轻轻摇晃一下鸡蛋，新鲜的鸡蛋声音实，无晃动感，而存放时间长的鸡蛋晃动的时候会有水声。

如果有条件，把鸡蛋对着光，观察气室大小，气室大的可能是不新鲜的蛋。把鸡蛋打到碗里，蛋黄饱满、呈圆形，与蛋清有明显界限的，是新鲜的鸡蛋。而蛋黄散开的可能是存放时间很长的鸡蛋。

另外，生鸡蛋可能带有沙门氏菌，造成食物中毒，引发肠胃炎。食用鸡蛋前应先在流水下将蛋壳洗净。而且最好要确保鸡蛋全熟再食用。

48. 食用蛤蜊的注意事项有哪些？

（1）挑选　在静水中的蛤蜊，开着口且触碰后或搅动水后会立即合上的是活的，动作迟缓甚至毫无反应的是不新鲜的或死的。轻轻敲击听声音，声音清脆的是新鲜的，声音闷闷的是不新鲜的。

（2）吐沙　可用淡盐水浸泡蛤蜊 10 分钟，使泥沙杂物脱离，然后搓洗至水清。也可在淡盐水中滴少许香油，将装蛤蜊的漏筐放在水盆中，让蛤蜊吐出的泥沙直接沉底。

（3）食用　蛤蜊属于高嘌呤食物，痛风患者应少吃或不吃。蛤蜊和啤酒一起吃，容易诱发痛风。蛤蜊最好不要过夜再食用，寄生在里面的细菌抗低温的能力很强，即使在冰箱里冷冻也并不能把细菌杀死。吃蛤蜊要充分加热。夏天贝类更容易死亡和变质，因此，食用时要特别注意。

49. 如何选购新鲜的带鱼？

观察鱼鳃，颜色鲜红的是新鲜的。优质带鱼表面呈灰白色或银灰色，有光泽，发黄的是不新鲜的。带鱼的银白色鳞营养价值很高，含有硫代鸟嘌呤，若鳞已经掉了很多，说明已经不新鲜。鱼肚变软、破损的也是不新鲜的。有刺激性气味，鱼肉弹性很大的，可能是用甲醛浸泡过，不要选购。就冻带鱼来说，眼球凸起，黑白分明，洁净无污的是新鲜的，眼球下陷，有一层白膜的不要选购。

50. 选购虾的注意事项有哪些？

新鲜的虾头尾完整，与身体紧密相连，虾身较挺，有一定的弹性和弯曲度。如果虾各部分连接松懈，不能保持原有的弯曲度，那么很可能是不新鲜的。新鲜的虾壳与虾肉之间连接紧密，用手剥取虾肉时，虾肉黏手，需要用力才能剥掉虾壳。新鲜虾的虾肠组织与虾肉也连接紧密。

鲜虾外表洁净，用手摸有干燥感。但当虾体将近变质时，甲壳下一层分泌黏液的颗粒细胞崩解，大量黏液渗到体表，摸着有滑腻感。

虾的种类不同，其颜色也略有差别。新鲜的明虾、草虾发青，海捕对虾呈粉红色，竹节虾、基围虾有黑白色花纹略带粉色。如果虾头发黑，整只虾颜色比较黑，不亮，说明已经变质。

新鲜的虾有正常的腥味；如果有臭味，则说明虾已变质。

虾可能带有耐低温的细菌、寄生虫，蘸醋和芥末并不能杀死它们，应该熟透后食用。吃不完的虾要放进冰箱冷藏，再次食用前需加热。

51. 选购螃蟹的步骤有哪些？

（1）掂重量　好的螃蟹比较重，在同样大小的情况下，重的肉更多、黄更满。可以先找一只大小合适且比较重的螃蟹为标准，然后以这个标准来挑选重量差不多的。

（2）辨活力　有活力的螃蟹说明新鲜健康。现在为了避免螃蟹活动过多消耗了自己的重量和掉腿，市场上很多螃蟹都是捆好了卖的。可以轻轻碰触蟹眼，有活力的螃蟹会快速把突出的眼睛躲闪开。

（3）看颜色　选择蟹壳青、蟹腹白、蟹尾发红或发黄并且高高翘起的（蟹壳部分与蟹脐的根部要分离开、有满涨的感觉），这证明蟹黄很满。

（4）捏软硬　用手捏一下螃蟹的腿，如果感觉很软就说明这只螃蟹很空，肉少，蟹膏、蟹黄也不可能很满，应该选择蟹腿坚硬的。

52. 选购海带的注意事项有哪些？

（1）干海带　选择叶宽厚、色浓绿或紫中微黄、无枯黄叶者；选择无泥沙杂质，整洁干净无霉变，且手感不黏者。干海带富含碘和甘露醇，碘和甘露醇呈白色粉末状附在海带表面，要注意与霉变现象区分。

（2）盐渍海带　将鲜海带烫煮后，再经冷却、盐渍、脱水等工序加工而成的是盐渍海带。选择墨绿色，壁厚者。一般用作凉拌菜，食用前用温水浸泡。

（3）速食海带　尽量从大型超市或商场购买标签完整、有一定品牌的。

另外，翠绿色的海带可能是用添加剂浸泡过的，食用后有害健康。如果海带买回家清洗后的水有异常颜色，应该停止食用，以免危害身体健康。

53. 黄花鱼真假及是否新鲜如何辨别?

真黄花鱼肚子上的黄色是自然的淡黄色，腹、鳍部颜色较深，且不会掉色；而假黄花鱼往往经过染色，染上去的颜料很容易掉色，有些冰冻的假黄花鱼，甚至在外层的冰面也呈黄色，鱼化冻后更加明显。用水浸泡，假黄花鱼会掉色将水染成啤酒色。从外形来看，真正的黄花鱼嘴部圆润饱满，假的比较尖。真黄花鱼身体比假的要宽一些。真黄花鱼鱼鳞呈圆形，而假的黄花鱼鱼鳞则呈长圆形。

新鲜的黄花鱼眼球饱满，角膜透明清亮，鳃盖紧密，鳃色鲜红，黏液透明无异味。肉质坚实有弹性，头尾不弯曲，手指压后凹陷能立即恢复。鳞片完整有光泽，黏附鱼体紧密，不易脱落。不新鲜的鱼眼角膜起皱，鳃盖易于揭开，鳃色变暗呈淡红色，黏液有异味，肌肉松软，手指压后凹陷不能立即恢复。体表黏液不透明，鳞片光泽较差且易脱落。

三、粮油和调味品食品安全

54. 大米如何挑选?

(1) 看腹白 大米腹部常有一个不透明的白斑，白斑在大米粒中心部分被称为“心白”，在外腹被称为“外白”。腹白部分蛋白质含量较低，淀粉含量较多。一般水分过高、收后未经后熟和不够成熟的稻谷，腹白较大。

(2) 看硬度 大米粒硬度是由蛋白质含量决定的，米粒硬度越强，蛋白质含量越高，透明度也越好。一般新米比陈米硬，水分低的米比水分高的米硬，晚籼（粳）米比早籼（粳）米硬。

(3) 看爆腰 爆腰是由于大米在干燥过程中发生急热现象后，米粒内外失去平衡造成的。爆腰米食用时外烂里生，营养价值低。所以，选米时要仔细观察米粒表面，如果米粒上出现一条或多条横裂纹，就说明是爆腰米。

（4）看新陈　陈米色泽暗，黏性低，失去大米原有的香味。表面呈灰粉状或有白道沟纹是陈米，其量越多则说明大米越陈旧。捧起大米闻一闻气味，如有发霉味道的是陈米。看米粒中是否有虫蚀粒，有虫蚀粒和虫尸的是陈米。

（5）看标签　注意查看包装上是否标注产品名称、净含量、生产企业的名称和地址、生产日期、保质期、质量等级、产品标准号等。

（6）看黄粒　米粒变黄是由于大米中某些营养成分在一定的条件下发生了化学反应，或者是大米粒中微生物引起的。

55. 小米如何挑选？

优质小米，米粒大小一致，没有碎米粒，没有病虫害和其他杂质。颜色均匀且有光泽，一般是乳白色或者黄色。有一股自然的清香味，无异味，尝起来感觉微甜。如果米粒易捏碎，则为发潮或者发霉的。如果品尝发苦发涩，则为劣质小米。

56. 燕麦如何挑选？

购买燕麦时可以观察颜色，正常燕麦的颜色是白里带一点黄色或者褐色，如果发暗发黑则不要购买。燕麦片看上去一般比黄豆略小，在挑选燕麦时也要尽量挑选燕麦粒比较完整的。购买散装燕麦时可以闻到淡淡的燕麦香，不要买有霉味、陈味和味道过香的。

燕麦片分为很多种，在购买的时候一定要看清商标，不要误购为小麦片或者麦片。看配料表，如果是想买纯燕麦时，则看商品的配料表是否还添加了其他物质。

燕麦营养价值高，但是为了满足人们的需求，经过一系列制作后，生产出了即食燕麦和快熟燕麦等，但是在这样的加工过程中会损失很多营养物质，如果有条件的话，最好还是购买生燕麦，烹煮熟即可食用。也可以选购一些加了坚果等天然食品的燕麦片。

57. 小麦粉如何选购？

看包装上是否标明厂名、厂址、生产日期、保质期、质量等级、产品标准号等内容，尽量选用标明不加增白剂的小麦粉。观察包装封口线是否有拆开重复使用的迹象，以防假冒产品。看小麦粉颜色，乳白色或略带微黄色是正常的，若颜色纯白或灰白，则可能过量使用了增白剂。正常的小麦粉具有正常香味，若有异味或霉味，则为遭到外部环境污染或超过保质期的。要根据不同的用途选择相应品种的小麦粉，制作面包类应选择高筋的面包专用粉，制作馒头、面条、饺子等要选择中筋小麦粉，制作糕点、饼干则选用低筋的小麦粉。

58. 优质花生油和劣质花生油如何辨别？

（1）看油品颜色　优质花生油淡黄透明、色泽清亮、没有沉淀。

（2）闻油品气味　优质花生油气味清香、滋味纯正，香味浓郁而花生味不足、有异味的为劣质油。滴一到两滴花生油到手心，搓

至手心发热，拿到鼻前闻，纯正花生油可以闻出浓郁的花生油香味，掺香精的花生油开始有微弱的花生油香味，再次揉搓则远没有纯花生油的浓郁香味，甚至产生异味。

（3）冷藏花生油　把冰箱冷藏室调至10℃，将油放进去10分钟左右，纯正花生油有一半已开始凝固，掺有大量大豆油的只在底部有一点凝固，掺入棕榈油的则大部分或全部凝结，而且结晶处是白色的晶体。

（4）在炒菜时亲身试用　纯正的花生油，不溢锅、不起沫、无油烟且香味芬芳宜人。加热易溢锅、起泡沫、油烟大，甚至颜色变深、变黑的为劣质花生油。

59. 红糖如何选购?

（1）品质优良的红糖呈晶粒状或粉末状，干燥而松散，不结块，不成团，溶后水中清晰无沉淀和悬浮物，尝起来有甘蔗汁的清香甜味。而劣质的红糖有霉味或者酸味等不正常味道，苦涩难咽，溶于水中有杂质。

（2）不要购买搁置在外的红糖。在大街上不少商家会为了使红糖醒目而把红糖打开，这样容易被灰尘、细菌污染和受潮。

（3）如果女生在经期痛经的话，可以选择块状红糖，也就是黑红糖，因为这种红糖热量高，能促进血液的快速流通来减少疼痛感，而且其还含有很丰富的铁。

60. 酱油如何选购?

（1）看酱油说明　酱油里有一种营养物质叫氨基酸态氮，这种物质是大豆发酵过程中产生的，发酵的时间长，这种物质越多，酱油越好。

（2）晃动瓶身　好的酱油会出现细小的气泡，而且消失得慢，并且容易挂瓶；而勾兑酱油会出现大气泡，并且很快消失，酱油也不挂瓶。

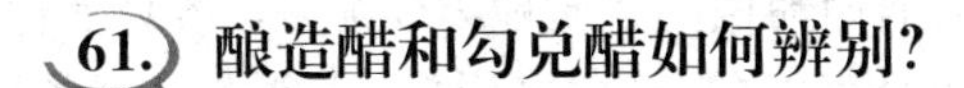

61. 酿造醋和勾兑醋如何辨别？

（1）按照规定，勾兑醋和酿造醋应在外包装上明示。一些勾兑醋经常会将“勾兑”字样印得很小，不易注意到。可以看产品标准号，如果注明 GB 18187 的则为酿造醋。

（2）质量好的粮食酿造醋，由于富含氨基酸、有机酸及糖类、维生素等营养物质，色泽棕红发黑，有食醋特有的香味，酸香浓郁、味感柔和醇厚。而劣质勾兑醋并不含上述成分，入口即酸，且为刺激性酸味。

（3）食醋有红、白两种，优质红醋要求为琥珀色或红棕色，透明澄清，浓度适当，没有悬浮物、沉淀物及霉花、浮膜。食醋从出厂时算起，瓶装醋 3 个月内不得有霉花、浮膜等变质现象。

（4）看总酸含量，对酿造醋来说，数字高的好，比如总酸度 6％的比 3％的好。

四、方便食品和饮品食品安全

62. 购买面包时的注意事项有哪些？

从热量来说，以表皮干脆的脆皮面包热量最低，这类面包口感不甜，含糖、盐和油脂都少。法式主食面包和俄式“大列巴”都属于这一类，营养价值和馒头大体类似。

硬质面包和软质面包都加入鸡蛋、糖、牛奶、油脂等材料，只是加入的水分不同。孩子们喜欢的吐司面包、奶油面包和大部分花色点心面包都属于软质面包。因为加入了鸡蛋和奶粉，营养价值有所增高，适合给孩子食用。

面包中热量最高的是松质面包，也叫丹麦面包。它的特点是要加入 20％～30％的黄油或起酥油，能形成特殊的层状结构，常常做成牛角面包、葡萄干面包、巧克力酥包等。它口感酥香柔软，非常美味，但是热量很高，而且可能含有对心血管健康非常不利的反式脂肪酸。所以应尽量少买这样的面包，最好 1 周食用不超过 1 个。

一般的面包都是用普通面粉做的，质地柔软细腻，容易消化吸收，膳食纤维含量低。而全麦面包，富含纤维，能帮助清理肠道，还能延缓消化吸收，有利于预防肥胖，更有利于身体健康。全麦面包是指用没有去掉外面麸皮和麦胚的全麦面粉制作的面包，它的特点是颜色微褐，肉眼能看到很多麦麸的小粒，质地比较粗糙，但有香气；其营养价值比白面包高，B族维生素丰富。但是它比普通面包更容易生霉变质。

选购面包时注意新鲜度，面包包装上都会注明保质期，例如，“二、三季度（春夏）2～3天，一、四季度（秋冬）4～5天”。选购时一定要仔细查看。

63. 牛奶如何选购?

（1）低温奶　即巴氏杀菌奶，在62～75℃条件下将牛奶中的有害微生物杀死，保留了对人体有利的细菌和营养物质。但低温奶不易保存。

（2）常温奶　它是超高温灭菌奶，用高温灭菌技术将牛奶中的细菌全部杀死，营养不如低温奶，但可长时间保存。

（3）高钙奶　适合孩子和老年人，对于普通成年人来说，则不需要特别饮用高钙奶，因为牛奶中所含的钙和其他食物中的钙，已经基本能满足正常成年人需要。

（4）酸奶　适合消化不良的病人、老年人、儿童和乳糖不耐受者。它易于吸收，促进消化。但应注意别喝太凉的酸奶。酸奶最好挑选固态的，营养成分比较多。

（5）舒化奶　适合乳糖不耐受者。

（6）还原奶　是把奶粉按比例加水还原而成的奶，从营养角度而言，还原奶的营养价值低于纯鲜奶，但是它的保存时间可达8个月，适合旅游出行携带。

64. 选购酸奶的注意事项有哪些?

（1）要区分酸奶和乳酸菌饮料的不同　市面上那些喝起来酸酸

甜甜的乳酸菌饮料其实可能根本就不含益生菌，从配料表可知，它是由水、牛奶、白糖、柠檬酸或乳酸等配制而成的。而酸奶一般是以鲜奶为原料加入多种益生菌自然发酵而成，益生菌的优劣和数量则是衡量一个酸奶好坏的标准。

（2）选酸奶要选好菌　好的益生菌可以帮助维护肠道菌群生态平衡，形成生物屏障，抑制有害菌对肠道的入侵。嗜热链球菌和保加利亚乳杆菌是酸奶中常用的两种益生菌，有的酸奶中也会加入双歧杆菌，但因双歧杆菌是厌氧菌，所以一般搭配其他两种益生菌加入。

（3）低温保存　一般来说，为了提高益生菌的活性，酸奶都需要放置在0～6℃的冰箱或者冷柜储存。挑选酸奶，要着重于生产日期，一般生产日期距离购买日期 2～3 天最好。

（4）适量饮用　酸奶虽然有助健康，但也不宜多吃，应当适当摄取，每天 1～2 杯即可。酸奶最好饭后喝，有助消化，提高益生菌的成活率。喝完酸奶后，记得要及时漱口，以免侵蚀牙釉质。

65. 豆浆"假沸"应该如何避免？

在加热豆浆到 80℃左右的时候，豆浆开始有冒泡的现象，当加热达到 90℃左右，豆浆开始沸腾，并在 93℃时豆浆完全沸腾。这种从外表已经煮熟，但实际并没有煮熟的现象就叫豆浆的"假沸现象"。

“假沸”的豆浆中有害物质含量较高，如细胞凝集素、皂素、胰蛋白酶抑制剂等，其中，胰蛋白酶抑制剂的失活率仅有40%，远远未达到饮用要求的100%失活率，所以直接饮用“假沸”豆浆极不安全。饮用未煮熟的豆浆，可能会引起恶心、呕吐、腹泻等症状。严重者会导致脱水和电解质紊乱，甚至危及生命安全。因此，在豆浆出现“假沸”后，应该使用小火继续加热3～5分钟，至泡沫完全消失。这样既保证了有害物质完全去除，又使豆浆更美味。

主要参考文献 MAINREFERENCES

白晨，黄玥，2014. 食品安全与卫生学［M］. 北京：中国轻工业出版社.
Michael Wink，2013. 分子生物技术导论［M］. 北京：中国轻工业出版社.
Srinivasan，2018. 食品化学［M］. 北京：中国轻工业出版社.

图书在版编目（CIP）数据

食品安全与人类生活知识有问必答 / 徐文红，丁兆军主编．—北京：中国农业出版社，2020.7
（新时代科技特派员赋能乡村振兴答疑系列）
ISBN 978-7-109-26963-7

Ⅰ.①食…　Ⅱ.①徐…②丁…　Ⅲ.①食品安全—问题解答　Ⅳ.①TS201.6-44

中国版本图书馆 CIP 数据核字（2020）第 110610 号

中国农业出版社出版
地址：北京市朝阳区麦子店街 18 号楼
邮编：100125
责任编辑：廖　宁
版式设计：王　晨　　责任校对：吴丽婷
印刷：北京万友印刷有限公司
版次：2020 年 7 月第 1 版
印次：2020 年 7 月北京第 1 次印刷
发行：新华书店北京发行所
开本：880mm×1230mm　1/32
印张：2
字数：80 千字
定价：15.00 元
